El Sistema Solar

ESCRITO POR RACHEL KRANZ
ADAPTADO POR FELICIA LÓPEZ Y RAQUEL C. MIRELES

Tabla del Contentido

¿Qué es nuestro sistema solar ?

Es probable que conozcas a tus vecinos bien. También, es probable que sepas mucho sobre tu país. Hasta es probable que sepas algo interesante sobre el planeta Tierra. Pero, ¿cuánto sabes sobre el **sistema solar**, del cual la Tierra es un miembro? Vamos a viajar a través de este lugar extraordinario.

La palabra "solar" significa "del Sol." Viene de la palabra latina "Sol." El sistema solar es el **Sol** y todo lo que gira alrededor de él. Incluye:

★ El Sol

★ Los nueve **planetas** que giran, o se mueven, alrededor del Sol

★ Las **lunas** que giran alrededor de algunos planetas

★ Otros objetos, incluyendo rocas grandísimas llamadas **asteroides**, y bolas de hielo, rocas y polvo llamadas **cometas**.

¡Así es!

El Sol es grande y brillante—pero hay otras estrellas que son mucho más grandes y brillantes. El tamaño del Sol es mediano.

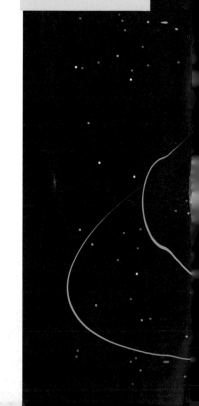

El Sol, que es el centro del sistema solar, en realidad es una **estrella**. Se parece a las estrellas que vemos en el cielo durante la noche, excepto que el Sol se encuentra mucho más cerca.

Toda la luz del sistema solar viene del Sol. Es el único objeto en nuestro sistema solar que produce su propia luz. La luz de la luna también viene del Sol.

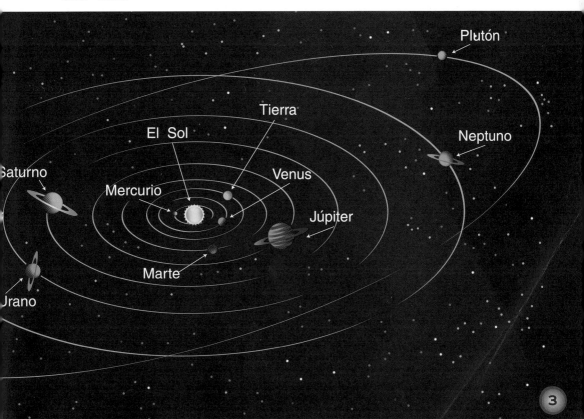

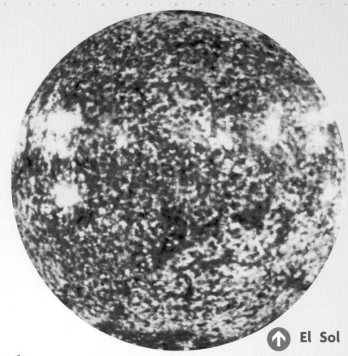

↑ El Sol

La mayoría del calor en nuestro sistema solar también viene del Sol. La temperatura de la superficie del Sol es como 10,000 grados Fahrenheit (5,538 grados centígrados). La corteza interior, o centro, del Sol es aun más caliente —¡27 millones de grados Fahrenheit (14,999,982 grados centígrados)!

Por suerte, el Sol se encuentra bastante lejos—a 93 millones de millas. Si el Sol estuviera más cerca, no sería posible la vida en la Tierra. Si el Sol estuviera más lejos, la Tierra sería demasiado fría. El Sol se encuentra a la distancia perfecta de la Tierra para mantener el tipo de vida que tenemos aquí.

¿Por qué es el Sol tan caliente y brillante? Como las otras estrellas, el Sol es una bola grandísima de gases. Estos gases son el **helio** y el **hidrógeno**. En la corteza del Sol, estos gases se mueven tanto que producen grandes cantidades de energía.

Cada segundo, el Sol transforma 600 millones de toneladas de hidrógeno a helio, y así crea la energía. Parte de esa energía llega a la Tierra en forma de luz. Demora ocho minutos para que la energía del Sol llegue a la Tierra. Parte de la energía va a otros planetas. Parte desaparece en el espacio.

¡Así es!

El Sol es tan caliente que si sólo una chispa de su corteza llegara a la Tierra, podría encender un fuego alrededor de 60 millas. El Sol es tan enorme que un millón de Tierras podrían caber dentro de él.

Nada podría crecer en la Tierra sin la energía del Sol.

Los nueve planetas en el sistema
solar giran alrededor del Sol. Se
mantienen en sus **órbitas** por la
gravedad del Sol, o la fuerza que los
atrae. La órbita de cada planeta
alrededor del Sol es diferente. Por
ejemplo, la órbita de la Tierra demora
365 ¼ días. Por eso decimos que en
la Tierra un año tiene 365 días.

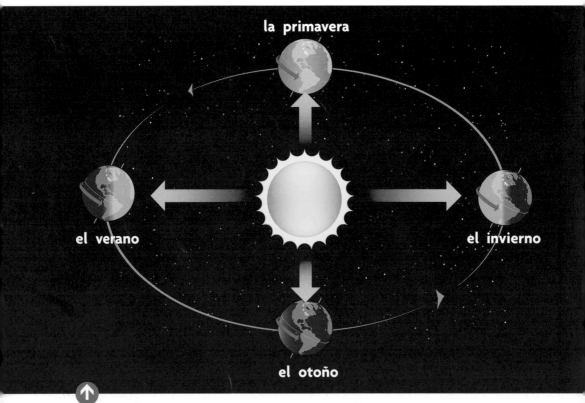

Este diagrama muestra la órbita de la Tierra alrededor del Sol
durante un año. Este movimiento causa el cambio de las estaciones
en las partes diferentes del mundo. Aquí vemos las estaciones del
hemisferio del norte.

Mientras los planetas giran alrededor del Sol, también giran sobre su propio eje, como un trompo. Una **rotación** completa de la Tierra demora 24 horas, o un día y una noche. Cuando nuestra parte del planeta está en frente del Sol, es día.

Cuando nuestra parte está al otro lado del Sol, es noche. Algunos planetas giran más rápido que la Tierra, por lo tanto sus días son más cortos. Algunos giran más lentamente, por lo tanto sus días son más largos.

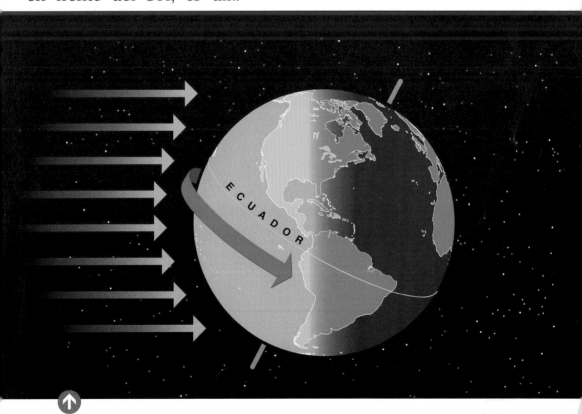

Cada 24 horas la Tierra da una vuelta completa alrededor de su propio eje. ¿En qué parte de la Tierra es día en este diagrama?

★ ★

Los cuatro planetas inferiores: Mercurio, Venus, Tierra y Marte

Mercurio

Mercurio, el planeta más cercano al Sol, es mucho más pequeño que la Tierra. La Tierra tiene un **diámetro** (la distancia a través de la Tierra desde el Polo Norte hasta el Polo Sur) de 7,900 millas. Mercurio tiene solamente un diámetro de 3,000 millas.

Mercurio gira alrededor del Sol con mucha rapidez. Un año en Mercurio es equivalente a 88 días en la Tierra. Pero el planeta gira muy despacio alrededor de sí mismo. Un día en Mercurio es tan largo como 59 días en la Tierra. Durante el día, la temperatura llega a 806 grados Fahrenheit (430 grados centígrados). Por la noche, la temperatura baja a –274 grados Fahrenheit (-170 grados centígrados).

Esta imagen de Mercurio viene de fotos tomadas de la sonda espacial "Mariner 10."

Venus

Venus es el segundo planeta más cercano al Sol. A veces se puede ver el planeta en el cielo, especialmente temprano en la mañana o en la tarde. Por esa razón, llamamos a Venus "la estrella del amanecer" o "la estrella del anochecer," aunque no es una estrella.

La apariencia brillante de Venus se debe a la capa de nubes que lo rodea. Estas nubes reflejan la luz del Sol.

¡Así es!

Venus tiene el mismo tamaño que la Tierra, pero los dos planetas son muy diferentes. Hace mucho calor en Venus, y las nubes que lo rodean están hechas de ácido sulfúrico. Ácido sulfúrico es un ácido muy fuerte que quema a través de metal.

Venus es uno de dos planetas que gira al revés. La Tierra gira del oeste al este, pero Venus gira del este al oeste.

En 1982, lo que antes se llamaba la Unión Soviética mandó una nave espacial para explorar Venus. No había gente en la nave, sólo equipo científico. Los transmisores de radio mandaron a la Tierra las primeras fotos de colores de la superficie de Venus. Dos horas más tarde, el calor destruyó los transmisores y el resto del equipo.

Venus está cubierto de cráteres, volcanes, montañas y lava.

La Tierra

El tercer planeta más cercano al Sol es nuestra planeta, la Tierra. Es el único planeta en el sistema solar donde hay vida humana. La vida existe en la Tierra porque hay agua, oxígeno y temperaturas que no son ni muy calientes ni muy frías. La Tierra es el único planeta que tiene condiciones que permiten la existencia de los seres humanos, los animales y las plantas.

A la Luna le demora 29 días para girar alrededor de la Tierra. Esto es un mes.

A la vez que la Tierra gira alrededor del Sol, un cuerpo más pequeño, la Luna, gira alrededor de la Tierra. Las lunas son cuerpos que giran alrededor de los planetas. Todos los otros planetas excepto Mercurio y Venus tienen lunas también. La mayoría de los planetas tienen más de una luna.

¿CÓMO SE NOMBRARON LOS PLANETAS INFERIORES?
A muchos planetas en nuestro sistema solar se les dió nombres de dioses griegos y romanos de la mitología.

- Mercurio fue nombrado como el mensajero romano de los dioses. Mercurio tenía sandalias con alas para poder moverse más rápidamente. El planeta Mercurio también se mueve con mucha rapidez.

- El planeta brillante y hermoso Venus fue nombrado como la diosa romana de amor y belleza.

- La Tierra es el único planeta cuyo nombre inglés no viene de la mitología.

- El planeta rojo y furioso Marte fue nombrado como el dios romano de la guerra.

Marte

El cuarto planeta cercano al Sol es Marte. Se le llama "el planeta rojo" por sus acantilados rojos y su cielo anaranjado. La temperatura en Marte llega a 70 grados Fahrenheit (21 grados centígrados) durante el día. Pero baja a –207 grados Fahrenheit (-133 grados centígrados) por la noche.

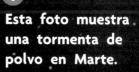

Esta foto muestra una tormenta de polvo en Marte.

Hay tormentas enormes de viento y tornados feroces llamados "diablos de polvo." Un diablo de polvo puede levantar una columna de polvo a 5 millas de altitud.

★ ★

LOS CINCO PLANETAS SUPERIORES: JÚPITER, SATURNO, URANO, NEPTUNO Y PLUTÓN

¿DE QUÉ ESTÁN HECHOS LOS PLANETAS?

- Los cuatro planetas inferiores—Mercurio, Venus, Tierra y Marte—están hechos de rocas. Se llaman "planetas terrestres."

- Cuatro de los planetas superiores—Júpiter, Saturno, Urano y Neptuno—están hechos de gas. Se llaman "gigantes de gas."

- El quinto planeta superior, Plutón, está hecho de hielo.

Los cinco planetas superiores se encuentran por lo menos a 400 millones de millas del Sol. Casi no hay calor o luz a esa distancia en nuestro sistema solar. Pero la gravedad del Sol aún tiene suficiente fuerza para mantener los cinco planetas en sus órbitas.

⬆ Esto es Júpiter y cuatro de sus lunas.

Júpiter

Júpiter es el planeta más grande del sistema solar. Más de 1,300 Tierras podrían caber dentro de él.

Como Júpiter es mucho más grande que la Tierra, su gravedad es mucho más fuerte también. Si estuvieras en Júpiter, pesarías 2 veces y media más de lo que pesas en la Tierra.

Júpiter gira sobre su propio eje con mucha rapidez. Gira una vez cada 10 horas comparado con la Tierra que gira una vez cada 24 horas. Al verlo por un telescopio, Júpiter tiene franjas grises, de color café, azules y anaranjadas alrededor de él. Estas franjas están hechas de gases. Se mueven porque el planeta gira con mucha rapidez. Júpiter tiene 28 lunas. También tiene algo que llamamos la Gran Mancha Roja. Los científicos piensan que una tormenta enorme más grande que la Tierra, causó esa mancha.

Saturno

El planeta próximo, Saturno, es similar a Júpiter. Es el segundo planeta más grande en nuestro sistema solar. Gira casi tan rápido como Júpiter.

Hay pedazos de rocas y hielo que giran alrededor de Saturno. Algunos de estos pedazos son tan pequeños como granos de arena y otros son más grandes que una casa. A la distancia, estos pedazos de rocas y hielo se ven como anillos sólidos alrededor del planeta.

Por muchos años, se pensaba que Saturno era el único planeta con anillos. Después los científicos descubrieron que Júpiter, Urano y Neptuno también tienen anillos. Sin embargo, Saturno tiene más anillos que ningun otro planeta. También tiene por lo menos veinticuatro lunas.

Urano

Urano, el tercer planeta más grande, se encuentra a casi dos billones de millas del Sol. Urano parece ser azul y verde porque tiene gas **metano** alrededor de él.

Como Venus, Urano gira al revés, del este al oeste. También gira con tanta inclinación que parece estar casi acostado. Urano está tan lejos del Sol que demora 84 años para completar una sola órbita alrededor del Sol.

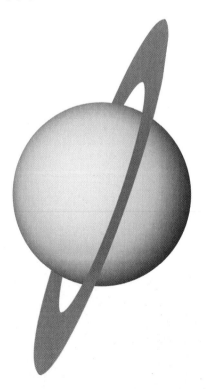

¿CÓMO SE NOMBRARON LOS PLANETAS SUPERIORES?

- Júpiter, el planeta más grande, fue nombrado como el rey romano de los dioses.

- Saturno fue nombrado como el padre de Júpiter.

- Urano es el nombre romano de "El Padre del Cielo."

- Neptuno fue nombrado como el dios romano del mar.

- Plutón fue nombrado como el dios griego del infierno.

Neptuno

Como Neptuno está tan lejos, los científicos no sabían mucho sobre este planeta azul y cubierto de hielo hasta hace poco tiempo.

En 1898, la nave espacial *Voyager 2* tomó las primeras fotos de Neptuno. Entonces aprendimos que Neptuno tenía anillos. También aprendimos que Neptuno tenía las tormentas más feroces de todo el sistema solar.

Neptuno gira más rápido que la Tierra. A Neptuno le demora 18 horas para completar una vuelta sobre su eje. Pero a Neptuno le demora casi 165 años para completar una órbita alrededor del Sol.

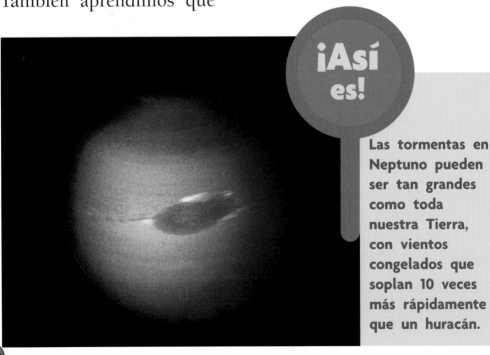

¡Así es!

Las tormentas en Neptuno pueden ser tan grandes como toda nuestra Tierra, con vientos congelados que soplan 10 veces más rápidamente que un huracán.

Plutón

Plutón es el planeta más pequeño de nuestro sistema solar. Es aun más pequeño que la luna de la Tierra.

Aunque Plutón es el último en la lista de los planetas, no siempre es el más lejano del Sol. Su órbita cruza la órbita de Neptuno, así que a veces está más cerca del Sol que Neptuno y a veces está más lejos.

Si estuvieras en Plutón y miraras al Sol, solamente verías una estrella muy pequeña. Como Plutón está tan lejos del Sol, es el planeta más frío. Su temperatura es –369 grados Fahrenheit (-223 grados centígrados).

Plutón (a la derecha) tiene una luna especial llamada Charón que tiene la mitad de su tamaño. Charón y Plutón se giran alrededor de sí mismos. Se conocen como un sistema de doble planeta.

Plutón es un planeta muy extraño. Mientras que los otros planetas están hechos de rocas o gases, Plutón está hecho de una mezcla de rocas, hielo y otros gases congelados.

Algunos científicos piensan que Plutón no debe ser un planeta. Como es tan pequeño, piensan que debe ser parte del Cinto de Kuiper, un anillo con más de 72,000 objetos pequeños que giran alrededor del Sol y se encuentran más lejos que Neptuno.

El Cinto de Kuiper incluye Plutón y más de 72,000 objetos, todos girando alrededor del Sol.

Los cometas, los asteroides, y otros objetos que vuelan

Si tú has visto una película sobre una piedra gigantesca del espacio que se está acercando ferozmente a la Tierra con consecuencias desastrosas, no te preocupes. No es muy probable que esto ocurra en realidad. Pero sí hay muchos objetos fascinantes en nuestro sistema solar. La gravedad poderosa del Sol mantiene en su órbita a estos objetos, como los planetas y sus lunas.

Los meteoros se ven con facilidad a través del cielo.

Los cometas son bolas de polvo, hielo y piedras que se mueven. Al acercarse más al Sol, el calor derrite el hielo y lo convierte en gas. Este gas forma una cola larga que lleva pedazos de piedras y polvo.

Igual que los planetas y sus lunas, un cometa no tiene su propia luz. La luz viene del Sol reflejándose en las piedras y el polvo. Desde la Tierra, un cometa se parece a una estrella grande con una cola brillante.

Como los planetas, los cometas tienen órbitas alrededor del Sol. Esto quiere decir que podemos identificar algunos y predecir cuándo van a aparecer.

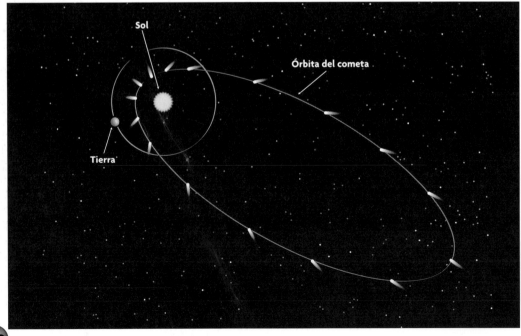

Sol

Órbita del cometa

Tierra

¡Así es!

El largo de la cola de un cometa puede ser de millones de millas. La mayor parte de los cometas no se pueden ver sin un telescopio. Cuando se ve un cometa en el cielo, no parece moverse.

La foto de este cometa se tomó en 1975.

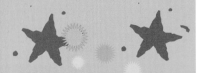

MARK TWAIN Y EL COMETA HALLEY

Mark Twain, el famoso autor americano que escribió *Las Aventuras de Tom Sawyer*, nació el 30 de noviembre de 1835, en Florida, Missouri. La noche de su nacimiento el cometa Halley apareció en el cielo. Twain después predijo que él se iba a morir la próxima vez que el mismo cometa apareciera en el cielo. Él escribió: "Yo vine con el cometa Halley... y espero salir con él." Así fue, cuando Mark Twain murió, el 21 de abril de 1910, el cometa Halley se vió claramente en el cielo otra vez.

Hace mucho tiempo, la gente temía a los cometas. Pensaba que eran señales malas. Cuando un cometa aparecía, la gente creía que los adivinadores iban a predecir el comienzo de una guerra o la muerte de un jefe.

En 1705, un científico llamado Edmond G. Halley descubrió que los cometas aparecían regularmente en nuestro sistema solar. Él notó que el mismo cometa aparecía cada 76 años. La gente decía que este cometa se había visto desde 240 A.C.

En honor a ese científico, se le nombró Halley a ese cometa. La última vez que apareció fue en 1986. Su próxima visita será en 2061.

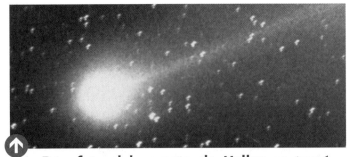

Esta foto del cometa de Halley se tomó en 1986.

Otros pedazos de piedras y metal que aparecen en el sistema solar se llaman asteroides. Miles de asteroides tienen órbitas alrededor del Sol en la forma de un cinto o anillo, entre los planetas Marte y Júpiter. Aunque tienen la misma órbita, son demasiado pequeños para ser planetas. Los científicos piensan que los asteroides están hechos de materiales que quedaron después de que el sistema solar se formó. Sin embargo, en realidad, nadie sabe de dónde vienen.

La palabra estrella viene del latín "aster." La parte "oide" significa semejante. Por lo tanto, la palabra "asteroide" es un cuerpo que es semejante a una estrella. En realidad, los asteroides no se parecen a las estrellas. Pero los científicos que los nombraron pensaban que todos los objetos en el cielo parecían estrellas.

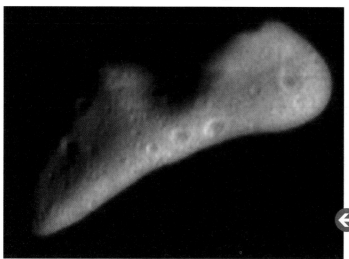

La mayoría de los asteroides tienen órbitas alrededor del Sol entre Marte y Júpiter. Este asteroide, Eros, fue descubierto en 1898. Tiene un diámetro de 19 millas (32 kilómetros).

¿CÓMO SE NOMBRAN LOS ASTEROIDES?

Normalmente, la persona que descubre un asteroide sugiere su nombre. Entonces el Comité Internacional Astrónomo para Nombrar Objetos Pequeños hace una decisión. El Comité escoge un nombre que se pronuncia y se escribe con facilidad. Si mucha gente sugiere el mismo nombre, el comité lo considera con seriedad.

Los científicos le dan nombres a los asteroides. Ellos usan nombres de escritores científicos (Isaac Asimov, Carl Sagan), compositores (Mozart, Bach) y cantantes famosos de rock (Jerry Garcia, Frank Zappa).

Este asteroide, nombrado 243 Ida, fue el asteroide # 243 que fue descubierto.

Un asteroide cerca de la Tierra es un **aerolito**. Cuando está en la atmósfera de la Tierra, se pone tan caliente que se ilumina de rojo y se quema. Entonces, hace una franja hermosa de luz en el cielo obscuro que dura solo unos segundos. Un aerolito que se quema es un **meteoro**.

¿Has visto una estrella fugaz? En realidad es un meteoro.

★ ★

La mayoría de los aerolitos se queman en la atmósfera. Algunos alcanzan la Tierra. Un aerolito que llega a la superficie de la Tierra se llama un **meteorito**. Cuando uno grande cae a la Tierra, hace un hoyo enorme, o cráter, en la superficie.

El Cráter Meteoro cerca de Winslow, Arizona, se formó cuando un meteorito cayó a la Tierra hace 50,000 años.

A veces los meteoros se ven en grupos. Un grupo de meteoros es "una lluvia de meteoros," porque muchos pedacitos de piedras y metal se caen hacia la Tierra a la vez como una lluvia. Los pedazos se queman con brillo mientras viajan por el aire.

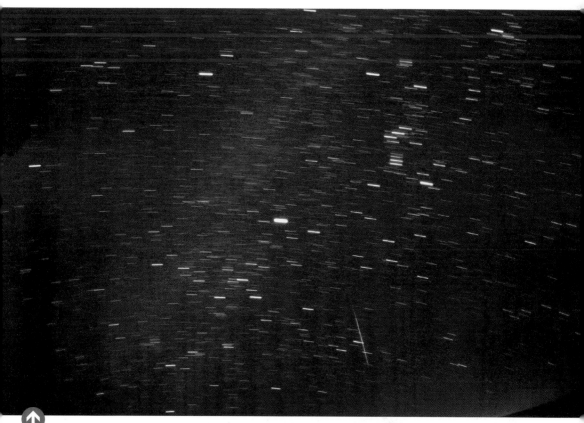

Aquí se ve la lluvia de meteoros en el Cráter Meteoro de Arizona.

★ ★

CAPÍTULO 5

Preguntas sin respuestas

Gracias a los científicos, ahora sabemos mucho sobre nuestro sistema solar. Pero todavía hay bastante para aprender. También hay opiniones diferentes sobre el espacio.

★ ¿Es Plutón un planeta o no?

★ ¿De dónde vienen los asteroides?

★ ¿Qué causa la gravedad?

Estas son algunas de las preguntas que los científicos están tratando de contestar. ¡A lo mejor tú serás el que encuentre las respuestas!

Visita

Para aprender más sobre el sistema solar, visita las páginas siguientes de la red electrónica.

- **Los nueve planetas:** seds.lpl.arizona.edu /nineplanets/ nineplanets/

- **Spacelink:** spacelink.nasa. gov

Los telescopios radiales apuntan al cielo lleno de estrellas para que los astrónomos lo estudien.

Glosario

aerolito	asteroide o piedra que se encuentra cerca de la Tierra
asteroide	pedazo de piedra que gira alrededor del *Sol*
cometa	bola de hielo, piedra y polvo que gira alrededor del *Sol*
diámetro	distancia a través de una esfera por su centro
estrella	una bola de gas gigantesca que produce luz y calor
gravedad	fuerza producida por la Tierra, *la Luna, el Sol*, y otros *planetas, lunas y estrellas*; fuerza de atracción entre dos objetos
helio	tipo de gas, en la corteza de una estrella y otros lugares
hidrógeno	tipo de gas, en la superficie de una estrella y otros lugares; usado por una estrella para producir energía
lunas	cuerpos que giran alrededor de un *planeta*
metano	tipo de gas encontrado alrededor de Urano y otros lugares
meteorito	un *aerolito* que toca la superficie de la Tierra
meteoro	un *aerolito* que se quema mientras se mueve por la atmósfera de la Tierra
órbitas	movimiento en una trayectoria fija; la trayectoria que un objeto toma alrededor de otro objeto
planetas	cuerpos grandes en el espacio que giran alrededor del *Sol* y pueden tener una o más *lunas*
rotación	una vuelta completa
sistema solar	el *Sol* y todos los cuerpos que giran alrededor de él, incluyendo los *planetas*, sus *lunas*, *asteroides* y *cometas*
Sol	una *estrella* en el centro de nuestro *sistema solar*

Índice